AF501276

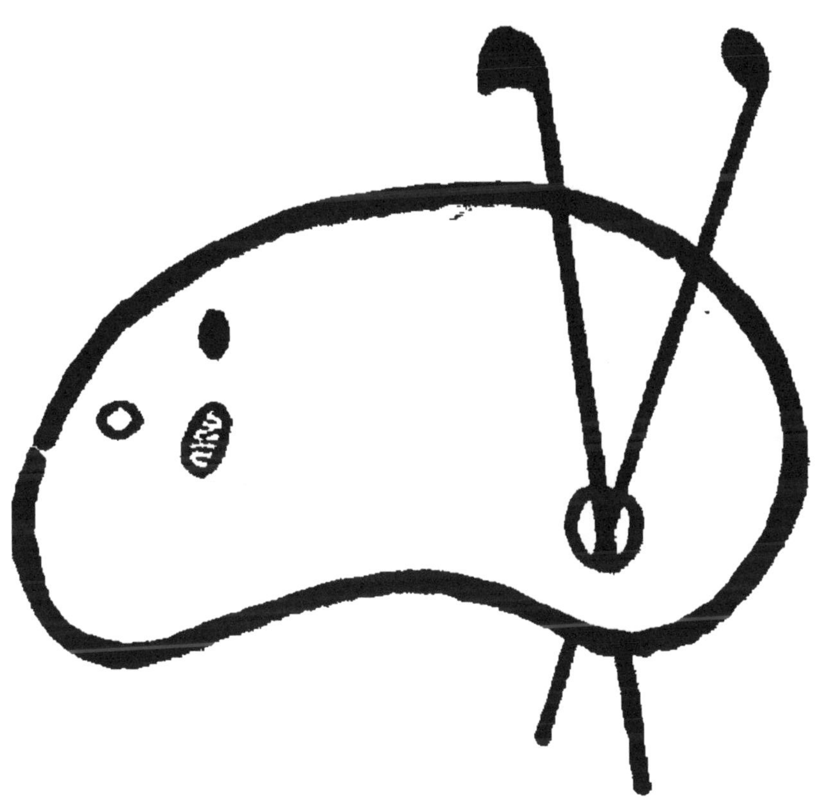

MÉMOIRE

OU SONT EXPOSÉS

Les AVANTAGES considérables que procurerait au commerce un système complet de DESSÉCHEMENT et de CANALISATION dans une partie des MARAIS du département de LA VENDÉE, au moyen de la PROLONGATION DU CANAL DES HOLLANDAIS à la rivière des Deux-Sèvres et de L'ÉLARGISSEMENT DU CANAL DE LUÇON à la mer,

PAR M. DUMAINE,

Membre du Conseil municipal de Luçon (Vendée).

PARIS
IMPRIMERIE DE GUIRAUDET ET JOUAUST
338, RUE SAINT-HONORÉ

1833

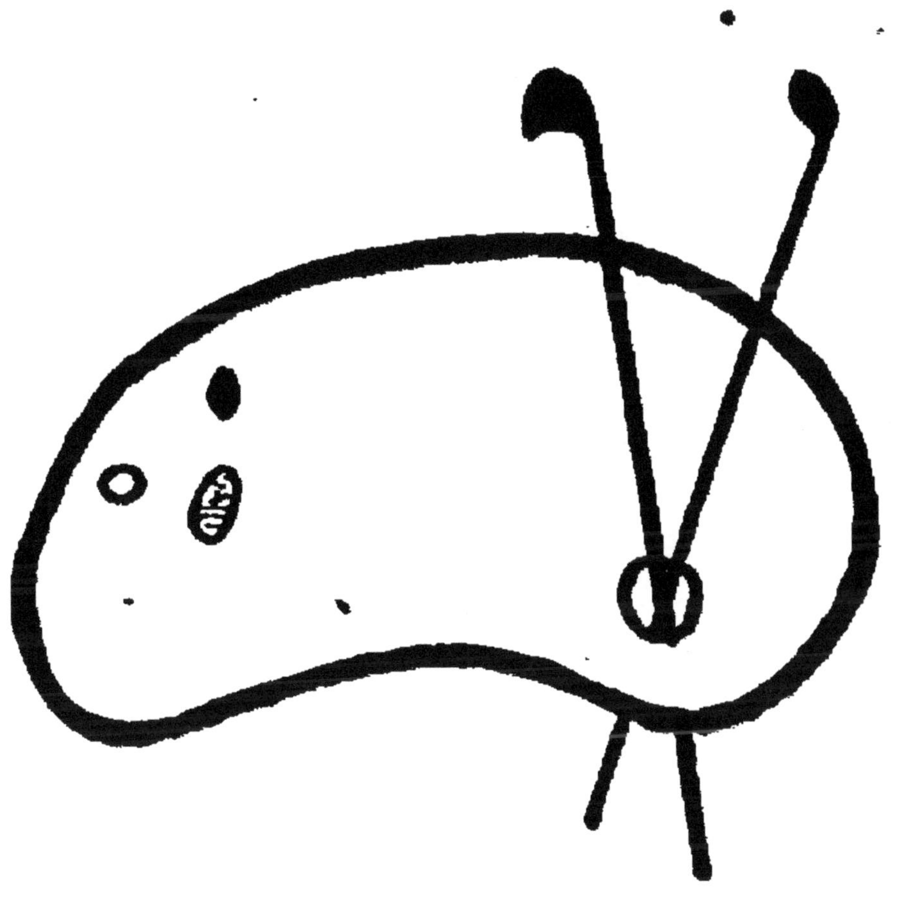

FIN D'UNE SÉRIE DE DOCUMENTS
EN COULEUR

MÉMOIRE

OU SONT EXPOSÉS

Les AVANTAGES considérables que procurerait au commerce un système complet de DESSÈCHEMENT et de CANALISATION dans une partie des MARAIS du département de LA VENDÉE, au moyen de la PROLONGATION DU CANAL DES HOLLANDAIS à la rivière des Deux-Sèvres et de L'ÉLARGISSEMENT DU CANAL DE LUÇON à la mer,

PAR M. DUMAINE,

Membre du Conseil municipal de Luçon (Vendée).

PARIS

IMPRIMERIE DE GUIRAUDET ET JOUAUST

338, RUE SAINT-HONORÉ

1853

AVANT-PROPOS.

Ce mémoire a été inspiré à l'auteur par les circonstances qui ont inauguré le règne de Sa Majesté l'Empereur. Partout où le Prince s'est trouvé en présence des populations accourant sur son passage, partout où il a pu manifester ses nobles intentions pour les classes intéressantes de la société, il a proclamé que son gouvernement accueillerait avec empressement tous les grands projets d'utilité publique et ne demandait qu'à être éclairé sur les travaux utiles à exécuter, pour y prêter son concours énergique et puissant. Obéissant à cette pensée du chef de l'Etat, je suis heureux de pouvoir exposer ici quelles améliorations peuvent être entreprises dans le département de la Vendée et en particulier dans l'arrondissement de Luçon.

Ce mémoire n'est point une œuvre approfondie destinée aux hommes compétents. On ne trouvera ici qu'un travail conçu dans des vues simples et que l'auteur adresse aux habitants du pays, afin d'appeler leur attention sur des questions majeures pour leurs intérêts. Désirant mettre mon mémoire à la portée de tout le monde, j'y ai joint des cartes. Le lecteur, s'il veut bien les consulter, saisira d'un coup d'œil l'ensemble de mes idées.

MÉMOIRE

Première Partie

PROLONGATION DU CANAL DES HOLLANDAIS

Luçon n'est plus de nos jours ce point malsain du bas Poitou que décrivent encore les dictionnaires de géographie et qui ne devait d'être connu qu'à son évêché et aux riches monastères dont il était entouré.

Si l'on considère combien les soixante années qui viennent de s'écouler ont amené d'heureux changements dans toute la France, on ne sera pas étonné de nous voir contredire ici l'autorité des géographes en ce qui concerne Luçon et les pays environnants. Pour avoir une notion exacte des lieux dont nous parlons, pour comprendre combien une amélioration intelligente en peut tirer de nouvelles ressources, il faut se représenter que, depuis l'époque où la plupart des auteurs ont écrit, les mœurs ont été changées, la condition des personnes s'est relevée, des travaux ont été accomplis, que tout enfin a singulièrement modifié la situation physique et morale du pays. Aujourd'hui, l'arrondissement de Luçon peut solliciter les encouragements de l'Etat au même titre que toute autre contrée, s'il suffit pour obtenir ces encouragements de justifier d'une situation avantageuse, d'une certaine prospérité toujours en progrès et d'une activité commerciale qui ouvre le plus beau champ aux espérances.

Situé sous un climat dont nous ferons tout à l'heure ressortir l'avantage, Luçon touche à la mer, ce grand chemin de l'univers, par un canal qui débouche à l'anse de l'Aiguillon. Cette anse, où l'entrée et le mouvement des navires sont faciles, où ils trouvent un mouillage parfaitement abrité, est, par la réunion de ces avantages, un point pour ainsi dire unique sur les côtes de France. Il n'y a guère de position qui mérite davantage d'attirer l'attention du gouvernement, non seulement au point de vue des intérêts de la localité, mais encore au point de vue de l'intérêt général de la marine, soit qu'on en considère les avantages en temps de paix ou en temps de guerre.

Si nous envisageons la situation territoriale de Luçon, nous y reconnaîtrons les conditions les plus favorables à l'agriculture. Luçon est situé sous un ciel chaud et humide, entouré de plaines fertiles et faisant face à une partie marécageuse très étendue : aussi les récoltes sont admirables et la fertilité du sol est telle, sur certains points, que l'intelligence du colon en peut faire tripler les productions. Pour se convaincre de l'exactitude de mes assertions, il suffira de faire un rapprochement entre 1790 et notre époque. On sera alors frappé en reconnaissant combien est énorme la proportion dans laquelle les récoltes se sont accrues et à quel chiffre supérieur les affaires se sont élevées.

Comme un autre avantage de cette situation déjà si remarquable, derrière Luçon se trouve une population voisine de plus de cinquante mille âmes qui ne demande qu'à faire des affaires, et déjà, par l'effet naturel de la situation, tout le courant commercial se dirige vers Luçon; comment en serait-il autrement, lorsque tous les points rayonnent vers ce centre? Si l'on me permet de rendre l'effet sensible par une comparaison, ouvrez un éventail, Luçon en occupe l'extrémité. Dans une profondeur de vingt lieues et provenant des localités les plus fertiles, on voit se diriger sur cette ville les produits agricoles de Niort, des alentours de Poitiers, de la partie du Bocage comprise dans le département des Deux-Sèvres, ainsi que les produits de la Vendée, comme ceux de Bressuire, Parthenay, les Herbiers, Pousauge, le Pont-Rousseau qui est aux portes de Nantes, Montaigu, Chantonnais, la Châteigneraie, Fontenay, la Roche-Servière, Napoléon, etc. Toutes ces contrées apportent par moments en masse leurs denrées, surtout leur belle qualité de froment, dans notre ville, dont une honorable confiance a fait le marché général du pays et étendu la réputation sur les marchés importants de l'Angleterre et de la Belgique. Les propriétaires s'y rendent d'autant plus volontiers qu'ils y trouvent des retours avantageux comme engrais, du noir animal, des cendres de marais, dont ils se servent avec le plus grand avantage pour échauffer et animer un terrain graniteux; des vins de bonne qualité, qui leur manquent; des bois du Nord, qui remplacent le chêne, devenu rare; des denrées coloniales, qui n'arrivent pas assez facilement dans l'intérieur du pays, etc... Sans compter que les autres départements, comme ceux qui forment le Berri, la Beauce, la Normandie, etc., viennent nous enlever nos bestiaux, nos chevaux, et surtout nos bons poulains, si nombreux dans la partie du Marais.

Si nous avons donné une idée exacte de la situation du pays qui nous occupe, on comprend que le canal de Luçon joue un rôle capital comme voie de transport pour le commerce. Ce canal, établi dans de mauvaises conditions, et très insuffisant pour la navigation, donne cependant au concessionnaire des bénéfices toujours croissants, autre preuve irrécusable de la prospérité des affaires. Mais ce canal est entre les mains d'une société anonyme qui n'a versé dans l'entreprise que de faibles capitaux. Cette société, disons-le, ne répond aujourd'hui ni aux besoins impérieux du département ni à la grandeur des idées du nouvel empire. Ce qu'il faut aujourd'hui, en présence d'une situation aussi heureuse, d'un sol aussi fertile, c'est un canal ouvert dans de meilleures conditions. Ce qu'il faut, c'est un port conçu sur un plan plus large ; et si ces améliorations se réalisent nous pouvons hardiment prédire que le commerce de Luçon prendra un plus vaste essor, que nous entrerons en relations d'affaires avec l'Amérique et le nord de l'Europe, de même que nous commerçons déjà avec l'Angleterre et la Belgique. Luçon, nous n'en doutons pas, deviendra une place de second ordre ainsi que l'entrepôt des marchandises étrangères et nationales destinées à l'approvisionnement du pays. Nous le savons, ces espérances sont subordonnées au concours de l'État. Craindrons-nous qu'il nous fasse défaut? Non : la pensée que nous exprimons d'enrichir un pays par des travaux publics utilement exécutés se concilie trop bien avec la pensée et le langage patriotique de l'Empereur, pour que les besoins de nos contrées ne soient pas pris en sérieuse considération : car où seront apportées les améliorations, si ce n'est dans les pays riches, mais arriérés, qui ne produisent pas assez, et dans les contrées qu'on peut considérer comme primitives, dont il faut savoir faire sortir les ressources?

Après tout ce que nous venons de dire, croirait-on qu'à Paris, où l'on se flatte de tout connaître, d'avoir la haute intelligence de toutes les questions, Luçon n'est connu que pour la place modeste qu'il occupe dans les dictionnaires de géographie? Quand on parle de nos contrées devant les personnes qui par leur position devraient avoir des renseignements approfondis, on les voit sourire avec un certain air de pitié, et, si vous les pressez davantage, elles ne se gênent pas pour vous dire confidentiellement et en levant doucement l'épaule qu'il n'y a rien à faire pour un tel pays. C'est ainsi qu'on traite par légèreté et par ignorance une des localités les plus riches de la France. Ne serait-ce pas à désespérer? Heureusement le pays s'est donné pour souverain un prince à la volonté ferme et puissante, qui sait triompher de toute résistance et de toute incurie.

Pour convaincre les incrédules, il suffit de produire quelques chiffres qui trancheront en notre faveur et d'une manière sans réplique la question de fait que nous traitons.

Nous ne parlerons que de l'exportation des céréales, qui sont le produit le plus abondant du pays.

Aujourd'hui, d'après le tableau du mouvement du cabotage et

du commerce extérieur, publié tous les ans par la douane, le port de Luçon a exporté en 1851 deux cent mille hectolitres de céréales, dont cent mille pour la France et cent mille pour l'étranger et particulièrement pour l'Angleterre, ci 200,000 hect.

Or, d'après la statistique du département de la Vendée, dressée par M. Cavoleau, le chiffre des exportations depuis 1806 jusqu'en 1826, époque où furent exécutés les travaux du canal de Luçon, a été, en moyenne, pour les grains, de vingt mille hectolitres, par an, pour la France et pour l'étranger, ci. 20,000

Différence. . . . . 180,000 hect.

L'ouvrage de la douane ne se publiant ordinairement qu'à la fin de l'année qui suit celle où les chiffres se sont produits, on ne peut encore connaître exactement le chiffre de 1852; on a lieu de croire qu'il a dépassé 200,000 hectolitres.

On le voit donc : ce sont 20,000 hectolitres seulement qui s'exportaient de 1806 à 1826. A cette dernière date, une société établie sur des capitaux trop faibles devient concessionnaire du canal ; elle exécute avec la plus grande économie quelques travaux, et aussitôt le chiffre des recettes s'élève. Elles ne cessent de s'accroître avec le temps, et, vingt-cinq ans après, on a obtenu une exportation dix fois plus forte.

Nous citons des faits écrits tout au long dans les pages de la douane, des faits qu'on ne peut contester ; ils parlent assez haut. Ne doivent-ils pas encourager le gouvernement à faire développer les affaires dans ces contrées privilégiées où la progression marche d'une manière si rapide et si étonnante ? Croit-on, en effet, que si le terrain n'était pas d'une excellente qualité, on pourrait obtenir d'aussi beaux résultats ? Or, il faut bien le savoir, ces résultats se produisent malgré les entraves que rencontrent le commerce et la navigation dans des tarifs trop onéreux. Que ne verrions-nous pas si, par une grande pensée d'administration, notre port était agrandi, le commerce établi sur une grande échelle et les tarifs diminués des trois quarts ! Il arriverait ce qui arrive dans toutes les opérations auxquelles l'intelligence préside, que les affaires tripleraient d'importance, et qu'à considérer l'intérêt de l'État, le produit des impôts s'accroîtrait dans les mêmes proportions.

Nous parlons des tarifs trop élevés du canal et nous disons qu'ils sont un obstacle au développement du commerce. En effet, les capitaines marchands préfèrent généralement venir faire leurs chargements à la Pointe-aux-Herbes, où ils trouvent un accès facile pour leurs navires et des affaires avantageuses. Mais à ce point même, les tarifs exorbitants les attendent lors même qu'ils ne pénètrent pas dans le canal et ils vont chercher ailleurs de meilleures conditions. Aussi est-il arrivé fréquemment que les négociants n'ont pu affréter des navires français et qu'ils ont été obligés de recourir à des capitaines anglais, qui ne sont venus là que par ignorance et qui ne veulent plus y revenir. Le remède à cette situation que réclame tout le commerce, c'est le rachat par le gouvernement des années de concession à courir pour notre canal. Que l'État use de son droit, qu'il fasse intervenir la loi d'expropriation pour cause d'utilité publique, les entraves que nous signalons auront bientôt disparu, et il n'y aura plus d'embarras à la navigation, plus de ces dépenses qui, s'ajoutant aux dépenses prévues, écrasent les expéditions, plus de ces tarifs oppresseurs qui nuisent à l'extension du commerce, arrêtant ainsi l'essor de toute industrie. Par la mesure que nous proposons, on aurait inauguré la prospérité du pays.

Mais si l'on entre dans la voie du progrès, il faut aller jusqu'au bout. Aux idées que nous venons d'exposer se rattache dans notre opinion tout un système dont l'exécution agrandirait les voies du commerce et ferait participer aux avantages communs les contrées marécageuses qui nous touchent, contrées malheureusement trop circonscrites dans leurs relations et privées de communications faciles. Nous voulons parler d'un système bien entendu de desséchement et de canalisation. Il s'agirait d'utiliser les rivières de la Vendée et des Deux-Sèvres, qui ne servent, pour ainsi dire, que de canaux de dégorgement pour conduire à la mer les eaux affluant des parties supérieures des départements qui portent leurs noms. Ces rivières transforment en marais fangeux les vastes terrains sur lesquels elles débordent; notre système propose de les rendre enfin navigables. On utiliserait ainsi ces eaux, et on créerait un commerce intérieur régulier qui n'existe pour ainsi dire pas dans toutes ces contrées. Nous attachons un grand intérêt à faire prévaloir cette première idée. Par les rivières améliorées s'établiraient de nouveaux rapports sur cette grande superficie des Marais. De ces rapports naîtraient d'importantes conséquences pour la navigation et le commerce. On verrait sur les points principaux du pays divisé en canaux les produits s'échanger avec une grande rapidité par les bateaux ordinaires et surtout par les bateaux à vapeur.

On communiquerait directement avec les centres de population comme Niort, Marans, Fontenay et Luçon. Le commerce des contrées éloignées viendrait bientôt animer les affaires, et la circulation des capitaux activer le travail et faire tout prospérer dans ces lieux où l'on ne trouve, pour ainsi dire, aucune trace de la vie sociale.

Que l'on nous permette de joindre ici quelques détails sur la vie de certaines localités dont j'ai parlé d'une manière générale. Croirait-on qu'il y a bon nombre de riches propriétaires et de fermiers qui ne peuvent trouver le moyen de dépenser leur argent autrement qu'en acquisitions de terrains ; que ces mêmes personnes vivent de la manière la plus monotone, se nourrissant toujours des mêmes aliments, et qu'avec cette aisance qui procure dans les villes des jouissances si variées, ils se voient circonscrits dans une existence toujours la même, faute de communications faciles avec les pays environnants ? Comment peut-on changer un tel état de choses ? En adoptant des mesures qui élargissent les rapports des contrées entre elles, qui permettent une vie plus convenable aux gens riches, et aux hommes de mouvement l'activité, source de l'aisance.

Pourquoi l'industrie n'accomplirait-elle pas, de nos jours, dans ces contrées marécageuses les miracles qu'elle a jadis accomplis dans la Hollande ?

Le point de départ du système est l'amélioration du cours des rivières et particulièrement du canal des Hollandais, de manière à ce qu'il devienne l'artère principale des communications entre Niort et Luçon d'une part, et d'autre part, entre Fontenay, Luçon et Marans : car ce canal, dans l'hypothèse d'une situation commerciale plus florissante, doit jouer dans ces contrées un rôle beaucoup plus important qu'il ne l'a fait jusqu'ici, soit qu'on le fasse servir au desséchement, soit qu'il demeure une voie ouverte au commerce. En effet, ce canal étant prolongé jusqu'au contrebot de Vix et à la Sèvre niortaise, on établit par là des communications directes entre les quatre points principaux dont je viens de parler, et si par la suite on creusait un large canal de desséchement latéral à la grande route en voie de construction passant par Maillezais, Vix, et le gué de Veluire, ce canal verserait ses eaux dans la rivière de la Vendée, comme le canal des Hollandais verse aujourd'hui les siennes dans le canal de Luçon. Alors les parties de Maillezais, de Vix et autres localités souvent inondées dans l'état actuel des choses par les eaux qui arrivent avec impétuosité de l'Autise et des parties du Bocage situées au dessus de Fontenay, se trouveraient promptement dégagées au moyen de cette voie nouvelle d'écoulement. Ce canal et la route dont nous parlons préserveraient le contrebot de Vix de l'affluence des eaux qui y arrivent quelquefois de ces lieux en si grande abondance, que leur accumulation cause des débordements désastreux. On parviendrait, en comprimant les inondations et en régularisant le cours des eaux, à opérer dans tout l'intérieur des marais de la Sèvre voisins de la Vendée et dans ceux du petit Poitou un desséchement qui, en augmentant la valeur des propriétés, faciliterait le développement des affaires et accroîtrait les produits de l'impôt.

Mais je reviens à mon véritable sujet, à ce canal des Hollandais duquel dépend tout l'avenir des marais et dont je vois le système étroitement lié au système du canal de Luçon, tant ils se tiennent par les rapports commerciaux. Je voudrais pouvoir appeler d'une manière toute particulière l'attention du gouvernement sur les deux canaux, parce que je considère qu'on ne peut faire de travaux importants à l'un sans en faire autant à l'autre. C'est par la combinaison de travaux à exécuter sur les deux parcours que l'on arrivera à améliorer les marais et à étendre le commerce sur toute leur surface.

Le but qu'on se proposa en creusant le canal des Hollandais fut de faire arriver rapidement de l'est à l'ouest des marais au canal de Luçon et de là à la mer les eaux que les débordements de la rivière de la Vendée accumulent sur une vaste étendue de terrain qu'elles transforment en marais fangeux, ou couverts d'eau toute l'année. L'idée de dégager les marais par ce mode de desséchement était bien conçue, mais elle ne fut pas complétement exécutée; ce canal manque de largeur, de profondeur et d'étendue; aussi le but qu'on se proposait n'a pas été atteint. Du côté du Langon, de Luçon, la moindre crue des eaux, même en été, ramène l'inondation des marais, sans compter ceux qui restent couverts en toute saison. Il s'ensuit que tous ces terrains où les eaux ont trop long-temps séjourné fournissent une mauvaise qualité de fourrage et des bestiaux de qualité inférieure. Ces marais s'étendent en deçà et au delà de la Vendée sur une superficie de plus de cent mille hectares. Ce sont plus de cent mille hectares qu'il faudrait rendre à la bonne culture.

Si le dessèchement déjà ancien des marais a tant laissé à désirer, il ne faut attribuer ce vice qu'au peu d'harmonie qui existait entre les propriétaires de ces marais dans des temps éloignés de nous. Chacun faisait son œuvre suivant ses vues; l'influence des personnes était tout; l'intérêt général, rien. Il en est résulté que dans certaines parties de ces marais on a exécuté des travaux de dessèchement sans considérer s'ils convenaient ou non aux parties voisines. Il appartient aujourd'hui à un gouvernement dont la force est dans l'unité d'exercer l'action bienfaisante que ce pays réclame; il lui serait facile de s'assurer l'affection et la reconnaissance des habitants, en ordonnant la prompte exécution de travaux qui amèneraient l'aisance dans toute une partie du département.

Les Hollandais ont été appelés autrefois dans ces marais pour y creuser des canaux; nous avons eu raison de recourir à l'expérience de ces hommes habiles à exécuter ce genre de travaux. Pourquoi aujourd'hui ne prendrions-nous pas chez eux d'autres leçons? Pourquoi n'entreprendrions-nous pas dans nos contrées ce qu'avec l'intelligence mercantile dont ils sont éminemment doués les Hollandais ont su faire réussir dans leurs marécages? En effet, cette riche Hollande possède aujourd'hui de larges canaux et des rivières navigables où l'on admire un mouvement continuel de navires qui vont chercher au loin les matières coloniales ou porter aux cinq parties du monde les produits de l'industrie hollandaise. Est-ce que l'industrie ne pourrait pas faire les mêmes conquêtes sur la nature dans nos contrées dont la configuration est semblable à celle de la Hollande et qui sont d'ailleurs favorisées par tant d'avantages?

Sans doute pour mener à fin les entreprises que nous signalons il faudrait y consacrer des capitaux d'une certaine importance; nous ne croyons pas que la sollicitude du gouvernement puisse s'arrêter devant cette question d'argent. Est-ce que le gouvernement ne sait pas trouver des fonds pour tous les projets de grande utilité nationale? Ne le voit-on pas engager par centaines de millions le trésor dans les opérations des chemins de fer et dans le percement des rues qu'on a nouvellement créées à Paris? Est-ce que nos canaux ne contribueraient pas à la prospérité de ces chemins de fer pour lesquels l'État fait tant de sacrifices? Que feront en effet nos canaux? Ils développeront une vaste industrie commerciale qui utilisera ces longs chemins de fer qui, sans cette industrie, se ruineraient et ruineraient le pays. D'ailleurs, plus le réseau de ces chemins s'étend, plus le commerce de ramification doit s'étendre.

Dans les contrées marécageuses, les grands canaux ne font-ilspas l'office des chemins de fer? Qui est-cequi l'ignore? Le gouvernement pourra ici, comme il l'a fait ailleurs, obtenir les meilleurs résultats. Ces grands canaux sont d'autant plus nécessaires qu'en été ils conservent de l'eau, tandis que les petits canaux sont desséchés. On pourrait même y entretenir les eaux en plus grande abondance, de manière à ce que le commerce ne fût jamais interrompu, par un système qui y ferait arriver les eaux de la mer. Ces eaux remontent au loin dans la rivière de la Vendée ; pourquoi ne les ferait-on pas remonter au gué de Veluire dans le canal des Hollandais, et ne les retiendrait-on pas, au moyen d'écluses, une fois qu'elles seraient engagées dans ce canal ? Ce serait, dans mon opinion, un moyen de supprimer tous les obstacles que rencontre la navigation, qui n'a lieu aujourd'hui que pendant quelques jours au moment des grandes pluies. Il serait facile d'obtenir ce résultat, si le canal des Hollandais ayant des digues de chaque côté recevait les eaux de la mer par ses extrémités ; on n'aurait qu'à remédier à l'inconvénient que produirait pour les marais le mélange des eaux douces avec celles de la mer. On pourrait alors construire un canal latéral au nord de celui des Hollandais qui ne recevrait que les eaux douces dont on tirerait parti pour le besoin des marais pendant la saison des chaleurs.

Comme on le voit, le canal des Hollandais perfectionné est appelé à produire de grands et heureux changements dans tous les lieux qu'il doit parcourir, et promet à Luçon des améliorations de la plus grande importance. Il se bifurquerait au Pont-à-Didot. Un de ses bras continuerait à courir droit au canal de Luçon. Les eaux qu'il amène à la mer des parties supérieures y seraient ainsi plus rapidement entraînées. L'autre bras, par une courbe demi-circulaire, viendrait à la tête du port balayer par son courant les boues que les marées y apportent et faciliterait en même temps l'écoulement des eaux pluviales de la ville, que l'on y ferait descendre. C'est sur les bords de cet embranchement (où l'on établirait une écluse) que l'industrie, par la suite, songerait sans doute à se fixer : car sans compter les usines que l'on rencontre partout où il y a des eaux courantes, comme pelleteries, scieries, papeteries, etc., on verrait se bâtir sur une assez grande échelle des moulins à farine. En effet, dans de certains temps, les grains ne s'exportent pas facilement en nature. On aurait ainsi introduit dans nos contrées une branche d'industrie qui nous est tout à fait inconnue et qui s'accorde parfaitement avec l'abondance de nos récoltes. C'est alors que nous pourrions élargir le cercle de nos affaires par l'expédition des farines dont le transport est si facile.

C'est dans ce but d'amélioration et de progrès que j'insiste encore sur la nécessité de creuser et de prolonger le canal des Hollandais qui doit, en servant de base aux travaux de desséchement que je propose, devenir pour le pays une source de richesse agricole et commerciale. J'abandonne aux hommes de l'art, aux ingénieurs, le soin de dresser des plans réguliers, d'indiquer avec précision les points où les travaux doivent être exécutés, et je laisse aux hommes des localités le soin de guider leurs études. Je me borne à exprimer quelques idées d'améliorations, heureux si l'écho d'une pensée toute patriotique et dégagée de toute vue d'intérêt personnel arrive jusqu'au pouvoir; plus heureux encore si je pouvais tirer les esprits de leur indifférence apathique pour les intérêts généraux, et faire en sorte que le gouvernement, pressé par la voix de nos contrées, se décidât à réaliser en notre faveur ses grandes et généreuses pensées !

Quant aux rapports directs à établir entre la rivière de la Vendée et celle des Deux-Sèvres, la prolongation du canal des Hollandais les amène tout naturellement, et l'action que ce canal exercerait pour le desséchement des Marais-Mouillés qui se trouvent au-dessous du gué de Veluire, serait la même que celle qu'il exercerait en traversant les marais du Grand-Bouil, du Grand-Communal et des parties adjacentes qui sont au dessous du Langon et au dessus du gué de Veluire. Cette prolongation au dessous du gué de Veluire, à travers les Marais-Mouillés que parcourt la vieille rivière de la Vendée, pourrait produire de salutaires changements sur toute cette étendue de marais, soit en contribuant à les dessécher complétement, soit en absorbant une partie des eaux de cette rivière, car le canal arriverait juste au contrebot de Vix, à la bonde du Jourdain, précisément à l'endroit où cette petite rivière sinueuse vient perdre ses eaux.

On ne s'imagine pas tous les avantages que le commerce et la navigation retireraient de la prolongation de ce canal qui abrégerait la distance de la Sèvre à la Vendée, et dès lors faciliterait les communications de tout le bassin de la Sèvre niortaise avec l'ouest des marais de nos côtés. Réciproquement nos contrées profiteraient de cette voie abrégée pour diriger leurs marchandises et leurs bestiaux sur Paris par le chemin de fer de Niort. La prolongation dont nous parlons est d'autant plus nécessaire qu'on arriverait à un desséchement complet, si par ce travail on pouvait diriger le cours des eaux vers le canal de Luçon, plutôt que vers celui de Vix où elles sont naturellement entraînées.

Une fois cette importante amélioration opérée, les besoins du pays en amèneraient beaucoup d'autres, en nécessitant dans les contrées où les travaux de desséchement auraient produit leur effet la création de nouveaux canaux et de nouvelles routes. Les résultats de telles entreprises sont faciles à calculer. Les bienfaits du commerce régulier qui serait développé dans ces contrées s'étendraient jusqu'à Luçon, dont la position offre un débouché naturel à toutes les localités environnantes. Ces parages humides, si la volonté éclairée et active du gouvernement daigne intervenir, peuvent un jour, comme la riche Hollande, donner au monde le spectacle de ce que peut le travail de l'homme uni à l'intelligence.

Mais quand nous parlons un langage aussi assuré, il nous semble entendre les habitants de ces marais lisant ce mémoire s'écrier d'une voix unanime : « Toutes ces idées nous sont favorables, ce sont les nôtres : mais les projets qu'on nous soumet exigent l'emploi d'un ou de deux millions, et nous sommes sans crédit, sans influence ; nous vivons ignorés au fond de nos marais. A qui faire entendre nos plaintes, à qui nous adresser pour nos besoins » ? Rien n'est plus simple : adressez-vous aux administrations municipales. Ne croyez pas qu'à l'époque où nous sommes, comme aux époques précédentes, vos demandes, transmises par elles à l'autorité supérieure, iront s'enfouir dans les cartons. Les intentions de l'*Empereur* sont connues ; depuis son avènement, toutes les propositions, tous les vœux des populations transmis régulièrement par la voie administrative, sont accueillis, examinés et le plus souvent exaucés. L'époque actuelle est tournée aux grandes choses, aux grandes améliorations. Le nouveau règne comprend qu'il faut donner des gages pour l'avenir. Voyez, en effet, si ce n'est pas dans cet esprit que s'exécutent tant de travaux immenses dans toute l'étendue de la France. On a entrepris de conquérir pour l'agriculture le sol ingrat de la Sologne; d'autre part, l'État rachète les actions des canaux du Midi ; bientôt l'extension des affaires, qui doit être la conséquence de cette opération, entraînera le rachat de tous les autres canaux. D'autre part on achève les chemins de fer en projet; on en décrète de nouveaux; on crée le service des paquebots transatlantiques malheureusement trop négligé jusqu'à ce jour et trop tardivement entrepris après que l'Angleterre s'est enrichie des affaires destinées à la France. Lorsque le gouvernement entreprend et mène de front des travaux aussi gigantesques, croit-on qu'il refuserait de consacrer des fonds à assurer le bien-être de nos contrées, placées dans de si tristes conditions?

N'hésitons pas à le dire : dans cette question du dessèchement il y a une considération qui domine toutes les autres, c'est la considération d'humanité (1). En faisant sortir de dessous les eaux les localités trop humides, quel service ne rendrait-on pas aux populations qui les habitent! De quel bienfait n'auraient-elles point à remercier le gouvernement, si elles se voyaient désormais préservées de la stagnation des eaux pendant la saison des chaleurs, et du fléau des inondations pendant l'hiver! Ah! si l'homme qui habite les grandes villes connaissait un peu les angoisses de ces pauvres familles qui, au milieu de ces marécages, couchent quelquefois quatre et cinq mois de suite dans leur petit batelet, craignant à tout moment que la crue plus forte des eaux

(1) L'expérience de cette année appuie bien tristement nos assertions. On a pu voir la vaste étendue du marais, au-delà de Luçon et plus loin que Maillezais, couverte par une inondation presque générale à une distance de plus de dix lieues. Ce désastre ne se serait pas produit si de larges et profonds courants avaient empêché les eaux de s'accumuler en les entraînant rapidement à la mer.

n'enlève la cabane qui les abrite ; si cet homme, disons-nous, savait le bien qu'il peut faire en assurant à ces malheureuses populations, un abri certain, un air plus pur et un terrain pour les nourrir, ah ! n'en doutons pas, nous n'aurions plus besoin d'élever tant la voix, et nous ne tarderions pas à voir se transformer nos contrées, ainsi que nous le souhaitons de tous nos vœux.

Faisons parler bien haut l'humanité dans ces questions que nous avons avons soulevées. Que sa voix s'élève au trône de l'Empereur. Qu'elle lui dise tout le mal qui existe, tout le bien qui peut se faire. Mais quand il aura écouté cette voix à laquelle son oreille est toujours ouverte, sachons aussi soutenir la cause du département de la Vendée par tant d'excellentes raisons qui l'appuient. Nous serons secondés dans notre œuvre par le jeune et intelligent député de notre arrondissement. Il comprend, nous n'en doutons pas, tout l'honneur qui résulterait pour lui, si, employant son crédit auprès du gouvernement, il obtenait pour le pays qu'il représente des améliorations que ses prédécesseurs, entraînés par la politique, ont toujours négligé de poursuivre.

Maintenant, lecteur, l'ensemble de nos idées vous est soumis. Si, comme nous aimons à le croire, votre esprit est occupé de la grandeur de la France; si vous voyez dans les améliorations matérielles une source immense de prospérité pour notre patrie, en même temps qu'un gage de sécurité pour l'avenir, nous nous remettons entièrement à votre jugement. C'est à vous qu'il appartient de décider de la valeur des idées que nous avons exposées ici.

Deuxième Partie

ÉLARGISSEMENT DU CANAL DE LUÇON

J'en viens à la partie la plus intéressante de mon sujet, au canal de Luçon. C'est vers lui que tous les regards se portent dans le pays. Chacun comprend que là réside tout l'avenir de notre ville et se demande avec anxiété si l'on fera quelque chose pour favoriser cet avenir. Que ce canal soit agrandi, amélioré, Luçon verra bientôt les capitalistes venir se fixer dans ses murs, les affaires se développer et sa population se doubler. Que les choses au contraire restent dans l'état stationnaire où nous les voyons, la ruine du commerce doit s'ensuivre indubitablement : je m'en expliquerai plus tard.

Je ne fatiguerai point le lecteur de vaines recherches sur l'histoire du canal ; peu importe à notre sujet qu'il ait été primitivement une petite rivière alimentée par les eaux des marais ou qu'il ait été creusé à une époque plus ou moins précise, sous l'influence du clergé ou de la domination anglaise ; laissons là ces événements du passé. Je prends aujourd'hui le canal tel qu'il est. Seulement je remonterai, pour certaines considérations, à l'époque qui précéda celle des derniers travaux (exécutés en

1826). Je veux faire apprécier la différence des affaires qui se faisaient dans ce temps-là avec celles qui se font maintenant et avec celles qui pourraient avoir lieu, si de nouveaux travaux plus appropriés aux besoins de l'époque actuelle étaient réalisés.

Le lecteur saura qu'avant ces travaux le canal de Luçon était très défectueux dans sa conformation, qui, du reste, lui a été laissée; qu'il était très étroit et continuellement envasé; nuisant ainsi au desséchement des marais et ne pouvant être que d'une faible utilité au commerce. Aussi celui qui se faisait dans l'endroit était presque nul; c'était même beaucoup de pouvoir transporter à Rochefort les bois de marine qui nous arrivaient du Bocage; il est vrai que le pays était bien moins productif en céréales qu'il ne l'est maintenant. Le marais qui nous touche ne récoltait pas la dixième partie des grains qu'il fournit actuellement par suite des progrès du desséchement. On recevait à peine du Bordelais et de l'Aunis quelques vins; or ces vins sont aujourd'hui l'objet d'un commerce considérable. Les marchandises coloniales débarquées à Nantes et à Bordeaux n'arrivaient à Luçon que par la voie de terre. On recevait fort peu de bois du Nord; nous en recevons aujourd'hui de grandes quantités. A cette époque aussi le Bocage ne donnait guère de produits; on en comprend facilement la raison : cet excellent pays ne faisait que sortir de ses guerres civiles. Aujourd'hui, défriché et mieux cultivé, il fournit des grains en grande abondance, surtout les belles qualités de froment que Bordeaux et Marseille s'empressent d'enlever sur le marché, et qui sont très appréciées par la meunerie anglaise. En somme, il se faisait alors fort peu d'exportations. Aussi les barques dont se servait le petit commerce étaient-elles très petites et pour ainsi dire sans mâture. Leur service consistait en général à transporter les céréales à une petite distance de la côte, à l'île de Ré, à Marans ou à La Rochelle, ou bien à les amener à l'embouchure du canal pour être chargées sur des navires de deux à trois cents tonneaux, qui les exportaient au loin. Ces barques n'étaient autres que les alléges dont on se sert encore aujourd'hui : car si le canal a été amélioré, cette amélioration n'a point été exécutée dans le but de faire de Luçon un port de mer propre à tout genre de commerce, mais seulement pour en faire un port de très petit cabotage. L'exportation en grand des céréales ne pouvait donc se faire à Luçon ; comme on le voit, c'était la ville de Marans qui jouissait de cet avantage : aussi une partie du département de la Vendée y portait à grands frais ses produits agricoles. Nos marais faisaient leurs chargements à Saint-Michel et à l'Aiguillon. La partie de la plaine et du Bocage amenait ses grains à Moricq et à Luçon qui n'exportait alors en moyenne que quinze ou vingt mille hectolitres de céréales. Mais, depuis lors, les améliorations apportées au canal en 1826, quelque faibles qu'elles aient été, ont contribué, avec l'amélioration des grandes routes, à bien changer l'état des choses. Luçon, par suite de ces changements, est devenu l'entrepôt des grains et des affaires du département. Cette ville exporte annuellement plus de deux cent mille hectolitres de céréales, et l'importation des vins, des marchandises coloniales et autres produits, prend une proportion telle que, si l'on améliorait sérieusement le canal, le commerce de ce port fournirait à tous les besoins d'une grande partie de l'intérieur du département, où des routes bien entretenues favorisent singulièrement le transport de toutes les marchandises. Depuis l'époque dont nous parlons, le port de Luçon a pris une tout autre importance que le port de Marans pour l'exportation des froments. Aujourd'hui c'est surtout à Luçon que les Anglais s'adressent pour les belles qualités de froment qu'ils emploient.

Nous avons mis le lecteur à même de se rendre compte de la différence énorme qu'il y a entre le passé et l'époque présente. Il lui est maintenant facile de comprendre les motifs qui poussaient le conseil général de la Vendée à renouveler tous les ans avec tant de persistance ses délibérations par lesquelles il sollicitait le gouvernement de faire de la ville de Luçon un port de mer dont l'importance répondît à une position agricole aussi remarquable.

Pour faire connaître avec exactitude ce que l'on pensait alors de cette position, je me plais à citer quelques passages de ces délibérations tirées de la statistique du département de la Vendée par M. Cavoleau, annotée et augmentée par feu M. de la Fontenelle de Vaudoré, conseiller à la Cour royale de Poitiers, page 262.

« Le conseil général de la Vendée, dit cet écrivain à la session de 1840, en faisant connaître l'historique de la concession, s'exprimait ainsi à l'époque où les travaux d'amélioration de la navigation du canal de la ville de Luçon furent ordonnés : « Le
» gouvernement, considérant la navigation de ce canal *comme*
» *intérieure*, ne voulut pas prendre à sa charge la dépense que

» l'amélioration entraînait ; il concéda l'entreprise moyennant » un péage à percevoir pendant quarante-quatre ans. Cet impôt » pèse lourdement sur le commerce ou plutôt sur le pays et met » le port de Luçon dans une situation d'infériorité déplorable à » l'égard des ports voisins.

» Les dépenses faites en 1826 s'élevaient, suivant l'adjudica- » tion et avec les dispositions supplémentaires, à environ » 210,000 francs ; sur quoi le concessionnaire reçut une subven- » tion de 90,000 fr., ce qui réduisit sa mise à 120,000 fr. De 1830 » à 1840, le péage n'a pas été moindre de 20,000 fr. en moyenne » à la charge du pays ; ce qui présente déjà un impôt acquitté » de 280,000 fr. pour quatorze ans. Si le chiffre annuel ne varie » pas, il s'élèvera à la somme énorme de 880,000 fr. (1) »

« La concession doit être respectée, puisqu'elle résulte d'un » contrat entre l'État et le concessionnaire. Toutefois, si l'État » pouvait racheter et remplacer le droit établi par un péage plus » modéré, équivalant seulement aux frais annuels d'entretien, » il procurerait un soulagement inappréciable au commerce et » au pays.

» Dans la situation, la navigation n'est améliorée que pour » les petits navires. Ceux d'un tonnage supérieur à 50 tonneaux » demeurent au bas du canal et paient, comme auparavant, des

(1) Mais depuis 1840 le chiffre a bien varié, il n'a fait que hausser, et aujourd'hui, d'après la marche des affaires, il faudrait porter à plusieurs millions les charges que paiera le pays pendant quarante-quatre ans pour une concession qui a coûté 100,000 fr. au concessionnaire !

» frais d'alléges sans être pour cela dispensés du péage; ces » grands navires sont avec les petits, pour le tonnage, dans la » proportion des trois cinquièmes.

» Le conseil général, frappé de cette situation si défavorable, » demande pour ce port un complément d'amélioration qui per» mette à tous navires assujettis au péage jusqu'au tonnage de » 150 tonneaux au moins de remonter jusqu'au port de Luçon, » amélioration qui consisterait à porter les écluses au dessous » de la station de Virecourt, à élargir le canal de 3 mètres et à « l'approfondir de $1^m,30$ à $2^m,50$. La dépense totale de ce per» fectionnement de la navigation ne pourrait guère s'élever à » plus de 200,000 fr. »

Autre extrait de la délibération du conseil général de 1841.

« Le conseil renouvelle ses instances pour qu'il soit fait des » travaux qui complètent la navigation de ce canal (du canal de » Luçon), qui est placé dans la condition la plus favorable pour » amener un grand développement dans le commerce du dépar» tement. Un péage exorbitant neutralise les efforts du com» merce et restreint les exportations et les importations qui » peuvent se faire naturellement sur ce point; il équivaut à » 25 °/. de fret brut. Ce péage reviendra à l'État qui l'a momen» tanément aliéné; il pourra alors être maintenu ou modifié et » offrir une compensation aux sacrifices qu'il imposerait. L'im» portant pour le commerce du pays tout entier, c'est d'obtenir » aujourd'hui une navigation facile et régulière qui vienne en » compensation de pareilles charges.

» Le rapport de l'ingénieur en chef qui a fait faire les études

» préparatoires prouve que le conseil s'est trompé sur l'importance de la dépense. Mais cette importance même démontre toute l'étendue du bienfait qui sera obtenu. Le péage donnera nécessairement alors *des produits beaucoup plus considérables* : car, en ce moment, le commerce, gêné par les difficultés de la navigation, s'éloigne plus qu'il ne se rapproche de ce point du département, *le mieux situé et le plus rapproché du centre*. »

Autre extrait de la délibération de 1842.

« Le conseil général renouvelle ses recommandations en faveur du port de Luçon, dont l'importance s'accroît chaque année malgré les entraves qui gênent son commerce et la *charge intolérable de son péage de navigation*. Sa position topographique appelle vers lui la plus grande masse des produits agricoles de la Vendée, et par conséquent aussi, en retour, la plus grande partie des denrées qui viennent de la mer pour être consommées dans le département.

» Le relevé des mouvements du cabotage de ce port donne pour résultat officiel le chiffre de 136,000 quintaux métriques; nul port dans le département ne présente une situation commerciale plus intéressante.

» A une époque où l'administration plus éclairée tend à débarrasser le commerce de toutes les entraves, l'on ne peut laisser exister un péage qui est si onéreux pour le port de Luçon et nuit au développement de son commerce, en le maintenant dans un état constant d'infériorité avec les autres ports maritimes.

» Le conseil général exprime le vœu que le péage de la navi-

» gation établi sur le canal de Luçon soit d'abord racheté, et » qu'ultérieurement le canal soit élargi et approfondi pour ré- » pondre aux besoins de la contrée et seconder le développe- » ment du commerce dans cette partie du département. »

Tels étaient les vœux exprimés par le conseil général au commencement de l'année 1840; malheureusement, ces idées de faire grandir un pays par les améliorations matérielles n'étaient point alors familières aux esprits comme elles le sont devenues depuis. Cette pensée féconde ne fut point secondée par le gouvernement, par suite de cette fausse appréciation *que la navigation du canal était intérieure*. Il ne voulut point entreprendre les travaux, quoique le département offrît de prendre à sa charge la moitié des dépenses. Cependant cette combinaison eût bien plus favorisé le département que celle qui fut adoptée. Sans s'arrêter à cette considération sérieuse, le gouvernement donna l'entreprise du canal à une société qui, comprenant mal ses intérêts, comprit encore moins ceux du commerce. Sous l'empire d'idées étroites, elle fit, en 1826, au canal, des travaux insuffisants avec des capitaux trop faibles. Sans doute, et nous sommes loin de le nier, on améliora les affaires de l'endroit, puisque le canal, étroit jusqu'alors, fut agrandi et creusé. C'était là un grand point de gagné. Mais la parcimonie avec laquelle fut dressé le devis des travaux n'en doit pas moins être accusée; c'était le commerce qui devait en souffrir, et nous voyons aujourd'hui les conséquences de cette parcimonie. Si quelques travaux imparfaits ont pu produire l'amélioration que nous avons rappelée, quels résultats ne devrait-on pas attendre, pour la prospérité du commerce, de l'exécution de travaux plus importants dirigés dans des idées sérieuses et avec un esprit de désintéressement!

Pour peu qu'on veuille s'arrêter sur les lieux et examiner les travaux qui ont été faits en 1826, on s'aperçoit facilement que la Société anonyme concessionnaire n'envisageait dans l'affaire du canal qu'une source de bénéfices certains, sans s'intéresser le moins du monde à l'avenir du commerce, et encore moins à celui du département : aussi le capital auquel elle se constitua fut très ménagé. A peine une somme de 100,000 fr. fut-elle employée dans l'entreprise, et encore doit-on déduire de cette somme les bénéfices que la Société fit sur les terrains qu'elle força les propriétaires de la ville de lui vendre, et qu'elle revendit ensuite trois fois leur valeur. La Société faisait une affaire dont elle était sûre. La moindre réflexion suffisait en effet pour comprendre qu'il fallait que les temps devinssent bien mauvais, vu l'état des affaires à cette époque, pour que l'intérêt d'une somme de 100,000 fr. ne fût pas annuellement au moins quadruplé. Les sociétaires ne pouvaient dès lors courir qu'une faible chance de revers, s'ils laissaient de côté l'intérêt du pays en limitant les avances à leur première mise de fonds. Ils pouvaient d'autant mieux calculer, que l'époque était alors comme l'époque actuelle plus aux affaires qu'à la guerre.

S'ils voulaient envisager les côtés avantageux de la spéculation, ils trouvaient dans les relevés annuels de la douane des données tout à fait encourageantes. Les grains ne pouvaient manquer d'arriver au chargement dans le port, pour éviter le transport à Marans; si l'exportation devenait plus facile, l'accroissement du commerce devait s'ensuivre; dès lors, certitude complète de bénéfices. La combinaison ne pouvait être plus heureuse, surtout dans un pays trop confiant, inexpert en pareille matière, et où il n'y avait à craindre aucune opposition. Les événements ont plus que justifié les prévisions de la Société. Les bénéfices sont fabuleux. Non seulement la Société est rentrée bien des fois dans son capital; mais actuellement, au détriment des affaires commerciales, elle gagne chaque année de 60,000 à 80,000 fr. pour les 100,000 fr. qu'elle a placés!

L'énormité de ces bénéfices nous suggère quelques réflexions.

On comprend qu'une société fasse de grands bénéfices sur des défrichements, des atterrissements, sur l'achat de terrains, de maisons, de bois, de forêts qu'elle revend; personne n'y peut trouver à redire. Elle bénéficie sur des individus qui ont la conscience de leurs actes et qui sont libres de leur volonté. Mais la position d'une Société vis-à-vis du public est toute différente: les bénéfices se tirent d'une population qui n'en peut mais, sur qui pèsent les obligations d'un contrat où ses intérêts n'ont pas été bien stipulés. Voilà ce qui est grave à considérer, voilà quel est le mal du pays: aussi il s'inquiète, il se voit en lutte avec une société qui doit par son contrat demeurer encore comme un obstacle à la marche générale des affaires, et qui, n'agissant que dans un esprit de lucre, entrave tout essor. Cette situation ne peut durer. Le gouvernement actuel, plus actif que ceux qui l'ont précédé, plus jaloux du bien-être des populations, interviendra certainement dans la lutte que nous soutenons.

Nous n'avons pas du tout l'intention de faire le procès à la compagnie. Elle a fait une excellente affaire, tant mieux pour elle. Mais qu'il nous soit permis cependant de faire connaître les faits.

Récemment encore on manquait de machine à draguer; les vases encombraient le canal; les navires y étaient quelquefois arrêtés des semaines entières sans pouvoir ni avancer ni reculer; l'écluse du Chapitre tombait en ruine et faisait craindre pour le mauvais temps l'envahissement des eaux de la mer. Il a fallu qu'un ingénieur arrivât sur les lieux pour la faire réparer. Malheureusement, cette affaire a été traitée, pour ainsi dire, en famille; l'administration municipale n'a pas été instruite de la présence de cet ingénieur. En vain le conseil général du département, le conseil municipal de la ville, les propriétaires, les commerçants, faisaient-ils entendre leurs doléances; en vain les pétitions étaient-elles adressées à l'administration des ponts et chaussées, pour la conjurer de faire droit aux plaintes du commerce; tout restait dans l'immobilité et le concessionnaire faisait à peu près ce qu'il voulait, c'est-à-dire qu'aucune amélioration n'était apportée à la situation. Enfin, tout semblait donner raison aux réflexions de M. de la Fontenelle, consignées dans la statistique révisée de M. Cavoleau, lequel s'exprimait ainsi à la page 202 :

« Est-ce à dire que nous devions garder le silence sur une
» transaction passée de notre temps? Non, nous considérons
» toujours comme un devoir, malgré tout ce qui pourra nous ar-
» river, de faire connaître franchement et loyalement notre ap-

» préciation des actes dont nous aurons à parler. A une époque » où l'esprit de parti rendait parfois si injuste, sous la Restau- » ration, en un mot, il alla jusqu'à dire qu'un administrateur » s'était fait concéder une entreprise pour laquelle il stipulait » au nom de l'État. L'allégation était de la plus grande fausseté » et l'avenir l'a établi; mais si, ainsi qu'on le prétend, le chef » d'un des bureaux d'où ressortissait cette affaire s'est, sous le » nom d'un tiers, intéressé dans la concession, il y a quelque » chose à dire à ce sujet et c'est un fait à vérifier. En effet, si » l'affirmation de la proposition était établie, on aurait à crain- » dre qu'en telle position l'employé du bureau ne sacrifiât les » intérêts publics aux siens propres; que, voulant devenir adju- » dicataire, il ne cherchât à dégoûter et à décourager les con- » currents. Je ne dis pas que pareille chose ait eu lieu, je ne le » pense même pas, d'après le caractère connu de l'individu dont » il est question; mais toujours est-il que, s'il est des fonction- » naires pour lesquels il existe une défense de se rendre adju- » dicataires, cette défense devrait être étendue à d'autres person- » nes, par exemple aux chefs de leurs bureaux. Ici l'affaire a été » tellement bonne pour ceux qui l'ont faite, les capitaux par » eux employés doubleront tant de fois, que tout naturellement » on se porte en arrière pour examiner exactement, sévèrement » peut-être, comment la transaction a eu lieu, pourquoi pas un » capitaliste ne s'est présenté pour faire concurrence, au moins » jusqu'à voir doubler les fonds par lui employés, position à la- » quelle on parvient difficilement dans les entreprises indus-

» trielles de notre époque, parmi lesquelles il se rencontre tant » de déceptions!

» Au surplus, sur les résultats de cette affaire, sur l'immense » bénéfice que réaliseront les concessionnaires, sur le peu » d'améliorations apportées par suite à la navigation du canal » de Luçon, sur les désavantages résultant pour le port de Lu» çon des lourds droits de navigation sur le canal établis par » l'acte de concession et sur les avantages qu'il y aurait à creu» ser et à élargir le canal pour y faire circuler les navires d'un » plus fort tonnage, nous laisserons parler les représentants lé» gaux du pays. — Voir la feuille 27. »

Quand on a lu cette page remarquable écrite sans doute avec le sentiment de la vérité par un fonctionnaire des plus honorables, il semble qu'on ne doive plus s'étonner de la tranquillité du concessionnaire; c'est ce que cherche à redresser la pétition suivante adressée au prince Louis-Napoléon par le maire de la ville.

Luçon (Vendée), le 8 octobre 1851.

A Monsieur le Président de la République.

« Prince,

» Depuis trois ans le conseil municipal de Luçon, les proprié» taires les plus imposés du canton et les négociants supplient » M. le ministre des travaux publics en lui adressant pétitions » sur pétitions pour que notre canal reçoive les améliorations

» que la navigation réclame. Mais nos efforts ont toujours été » vains. Une influence malheureusement trop puissante n'a cessé » de les paralyser et nos réclamations sont restées sans effet.

» Parmi les pétitions que nous avons adressées au ministre » des travaux publics, desquelles on n'a jamais accusé récep- » tion, il en est une, la dernière, à la date du 21 février 1851, » qui constate la demande du rachat par le gouvernement des » années qui restent à courir pour la concession du canal de » Luçon.

» Cette dernière et sérieuse demande, motivée sur des faits, » résume tout l'espoir que nous éprouvons de voir enfin nos lo- » calités à la hauteur des améliorations que nécessitent les be- » soins de l'époque. Si cette demande était examinée par le gou- » vernement dans l'intérêt agricole de nos populations, on » s'apercevrait bien vite qu'elle se lie au commerce de l'intérieur » du département et même jusqu'à un certain point à la sécu- » rité des bâtiments qui arrivent désemparés sur nos côtes.

» En effet, l'anse de l'Aiguillon, à laquelle aboutit notre ca- » nal, est l'abri le plus sûr, le plus permanent que la France » possède sur les côtes de l'Océan pour la retraite des navires » pendant les tempêtes, qui durent quelquefois des mois entiers » en hiver. L'arrivée et la sortie de ces navires y trouvent une » sécurité des plus grandes : aussi un très grand nombre de » navires y cherchent-ils un refuge. Mais ce refuge serait encore » plus efficace si, à l'extrémité du canal de Luçon, à la Pointe- » aux-Herbes, il s'exécutait des travaux importants pour rece- » voir ceux de ces bâtiments qui ont de fortes avaries. Ces tra-

» vaux permettraient en tout temps l'entrée dans le port de la » ville de navires d'un fort tonnage qu'on ne peut recevoir, de » telle sorte qu'on ne se servirait plus des alléges que le com- » merce est forcé d'employer, contre ses intérêts, pour charger » les bâtiments qui viennent en chargement de grains, et qui » restent trop long-temps couchés sur la vase au bas du canal.

» Cette demande une fois étudiée et mise à exécution, il se- » rait facile de se rendre compte des éléments de prospérité de » notre commerce : aussi éprouve-t-il aujourd'hui le besoin » d'un canal tout autre que celui qui existe maintenant. Indé- » pendamment du service qu'on rendrait à la navigation sur nos » côtes à l'approche de temps critique, on fixerait à Luçon un » commerce très étendu, grâce aux excellentes conditions qui » s'y rencontrent. Il s'y trouverait, entre autres précieux avan- » tages, trois mines de charbon de terre, dont deux, Fémoreau » et Saint-Laure, près de Fontenay, en pleine activité, fourni- » raient de la houille de bonne qualité aux départements qui » touchent à la côte, si un système commercial protecteur était » établi sur notre canal et que le gouvernement voulût le faire » développer dans des localités fertiles comme les nôtres.

» Prince, en votre qualité de chef de l'administration, de » protecteur naturel de tous les intérêts, nous vous supplions » de faire cesser les causes qui nous tiennent sans cesse éloi- » gnés de toute sollicitude administrative. Daignez prendre » notre supplique sous votre égide. Le projet dont nous récla- » mons l'exécution ne nuirait que faiblement aux concession- » naires du canal, qui, depuis bien des années, ont placé leur

» capital à plus de 40 p. 100 d'intérêt, au détriment d'un pays
» qui, grâce à votre protection toute-puissante, entrerait dans
» une voie de prospérité continue, si les grandes et généreuses
» tendances succédaient enfin aux petites affaires et aux préoc-
» cupations de l'intérêt privé.

» Veuillez agréer,
» Prince,
» l'assurance de notre dévoûment et de notre plus
» profond respect.

» *Signé :* GANDISSEAU, *maire.* »

On a vu par cette pétition qu'il était difficile de comprendre le silence que l'administration des ponts et chaussées gardait vis-à-vis des pétitionnaires qui se sont adressés à elle. Pourrait-on croire qu'elle n'a pas les yeux ouverts sur l'importance de la situation ? Je me garderai bien de m'expliquer sur un point que je trouve contestable et que le gouvernement pourrait seul éclaircir. Je me bornerai à dire, d'après tout ce qui s'est passé et ce qui se passe, d'après les demandes réitérées du conseil général du département, d'après les pétitions du conseil municipal, d'après celles des commerçants et des propriétaires, que le moment est arrivé où les années à courir de la concession doivent être rachetées par l'État. Ce rachat, comme nous l'avons expliqué, répondra, d'une part, aux désirs et aux besoins du département, et, d'autre part, permettra à l'administration des ponts et chaussées de doter notre pays d'un de ces beaux travaux qui l'honorent.

Nous étions alors à une époque où toutes les têtes étaient échauffées par l'espoir des améliorations que les messages du Président faisaient pressentir. L'administration municipale de Luçon, comme tant d'autres, en fut émue : aussi, enhardie par le désir de voir un jour la prospérité locale s'accroître sous les auspices d'un prince dévoué au bien-être des populations, elle ne se montra point découragée par le silence de l'autorité supérieure ; elle voulut faire connaître ses griefs au prince lui-même ; et c'est dans cette circonstance que lui fut adressée la pétition que nous venons de citer.

Grâce à la sollicitude du prince, une réponse nous fut enfin accordée. La voici :

PRÉFECTURE DE LA VENDÉE.

2e BUREAU.

Travaux publics et administration départementale.

« Napoléon, le 7 novembre 1851.

» MONSIEUR LE MAIRE,

» J'ai l'honneur de vous informer que, par décision du 31 octo-
» bre dernier, M. le ministre des travaux publics a rejeté la récla-
» mation qui lui avait été présentée par les commerçants de vo-
» tre ville, et qui avait pour objet le rachat de la concession et
» la prompte exécution du projet d'amélioration du canal de
» Luçon.

» Cette décision est motivée sur les considérations suivantes :

» Dans l'état actuel des finances, il n'y a plus lieu de songer

» à un rachat qui entraînerait pour le Trésor des sacrifices hors » de proportion avec les avantages espérés.

» Dans un moment où l'on ne peut conduire à terme tant » d'entreprises en cours d'exécution, on ne saurait songer à un » projet qui, pour être vraiment utile, exigerait une dépense » d'un million, et qui, s'il était renfermé dans des limites plus » étroites, demanderait encore des travaux dont le montant ne » s'élèverait pas à moins de 420,000 fr., pour arriver à un ré- » sultat dont l'utilité est contestée par celui même qui serait » appelé à en recueillir en partie les avantages.

» Agréez, etc.

» Pour le préfet en tournée :

» *Le secrétaire général,*

» *Signé :* H.-D. SAINT-HERMINE. »

Ainsi, l'administration reconnaît elle-même qu'avec un million on ferait *quelque chose de vraiment utile*, tandis qu'avec 420,000 fr. on n'obtiendrait qu'un résultat dont l'utilité est contestée *par celui même qui serait appelé à en recueillir en partie les avantages.*

Mais ce que nous demandons, ce n'est pas un petit projet qui ne coûterait que 420,000 francs ; nous demandons encore moins que la Société soit maintenue. Ce qu'il faut au département, c'est un projet large et grand comme tout ce que fait le gouvernement actuel, qui conduise à une grande amélioration commerciale et à de bons résultats pour le Trésor. Ces résultats ne seront obtenus qu'à la condition de faire descendre les tarifs aussi bas que possible. Voilà nos vœux, voilà notre demande ; elle est justifiée par la réponse même de l'administration. Quant à cette réponse qui a été faite, « que dans l'état actuel des finances, où l'on ne peut conduire à terme tant d'entreprises en » cours d'exécution, il n'y a pas lieu à songer au rachat de la » concession du canal de Luçon, etc. », on reconnaît aisément ce qu'il y a de peu fondé dans cette manière de parler, puisqu'à un mois de là il n'a fallu que l'avènement du prince Louis Bonaparte au pouvoir pour que, par enchantement, toutes les entreprises prissent une activité extraordinaire, en commençant par celles de la capitale; pour que les chemins de fer de Lyon et de Bordeaux, dont les travaux étaient suspendus depuis plusieurs années, fussent poussés avec une vigueur telle, qu'avant un an ces chemins seront achevés. Enfin, sur tous les points, depuis cette époque, ont été commencés des travaux qui coûteront des sommes autrement considérables que celles qu'il faudrait pour le canal de Luçon. Cependant, malgré l'état fâcheux du Trésor qu'on nous alléguait, toutes les affaires ne marchent pas moins sans embarras et à la satisfaction générale. Que doit-on conclure de ce démenti donné aux paroles par les faits ? C'est qu'il suffit en France qu'une main ferme saisisse les rênes du pouvoir pour que les ressorts détendus reprennent leur jeu régulier.

Les améliorations sollicitées qui répondent si bien à la haute pensée de l'Empereur, ces améliorations qui sont d'un prix incalculable pour le département de la Vendée, lui seront accordées malgré les oppositions que nous rencontrons. L'État lui-même en recueillera les avantages : car les sommes qu'il dépensera pour le desséchement des marais et les travaux du canal de Luçon lui rapporteront 4 p. 100 et même 5 p. 100 d'intérêt.

C'est ainsi qu'on doit entendre le progrès des affaires ; ne vaut-il pas mieux entrer résolument dans une voie toute tracée que de flotter sans cesse au milieu des hésitations, que de laisser les populations attendre indéfiniment le bien-être vainement promis ? A force d'espérer, elles se découragent, et se jettent alors dans d'autres illusions plus dangereuses.

Il est temps d'agir. En effet, que les tarifs restent les mêmes, que les capitaines trouvent toujours autant d'embarras dans la navigation, soit à la remonte, soit à la descente, et par conséquent se voient forcés d'aller charger à Marans, à Moricq, aux Sables, à Saint-Gilles ou dans tout autre lieu, ne venant à Luçon que contraints et forcés ; que le concessionnaire continue à faire déposer les vases provenant du récurement du canal par son bateau dragueur vers l'embouchure, nous le proclamons, la ruine du commerce de Luçon est certaine. Aujourd'hui même, il est excessivement difficile d'affréter des navires pour leur donner charge dans le port de Luçon. Cet état de choses fâcheux ne fera que s'aggraver à mesure que s'accroîtra le dépôt des vases, si même la fermeture du port de Luçon ne doit pas s'ensuivre. En effet, la mer et les eaux qui descendent des parties supérieures du canal comme de tous les marais forment dans le canal des atterrissements naturels. Or, si dans un bassin qui a déjà une tendance à se combler par les atterrissements on accumule encore des vases, il est évident que l'entrée finira par être entièrement bouchée.

Il y a moins de vingt ans, les navires venaient facilement en chargement à Virecourt, où se trouvent encore les bornes qui servaient aux amarrages. Ils ne peuvent plus depuis plusieurs années remonter jusqu'à ce point. Ils ne peuvent même plus, pour ainsi dire, remonter jusqu'à la Pointe-aux-Herbes. Ils sont obligés de s'arrêter bien en deçà, parce que les boues qu'on accumule et l'effet de l'atterrissement à cette hauteur ne leur permettent plus d'en approcher. Ces faits sont attestés par les conducteurs des bateaux alléges qui sont aujourd'hui très contrariés de ne plus s'arrêter à Virecourt ni à la Pointe-aux-Herbes, mais qui se voient obligés de descendre jusqu'au milieu de l'anse de l'Aiguillon pour aller trouver les bâtiments en chargement.

Oui, nous le répétons, la prolongation de l'état de choses actuel, c'est la ruine du commerce de Luçon au profit de celui de Marans. Luçon ne sera bientôt plus qu'un très petit port de cabotage où les bricks de 50 tonneaux ne pourront même pas entrer. Le passage d'un concessionnaire nous coûtera cher si l'on ne se décide à de nouvelles combinaisons.

Le premier remède à la situation déplorable que nous signalons, la première amélioration, c'est le rachat de la concession du canal par le gouvernement. Ici se place notre réponse à une objection que nous prévoyons depuis longtemps au sujet de cette mesure proposée. Comment opérer ce rachat? Si le concessionnaire se refuse à une transaction, comment la lui faire accepter? La difficulté ne nous paraît pas insoluble. Nous avons largement démontré par combien de points le concessionnaire est vulnérable. Il suffirait, nous n'en doutons pas, pour l'amener à composer, que le gouvernement l'obligeât à mettre le canal dans un état convenable de navigation pour tous les temps, à refaire l'écluse du Chapitre, à enlever les vases qu'il dépose à l'embouchure du canal. Mis en demeure de satisfaire à ces obligations que l'administration a le droit d'imposer, le concessionnaire deviendrait certainement assez conciliant pour qu'on pût s'entendre avec lui sur le rachat de la concession.

Il faut bien s'expliquer. Nous ne demandons pas que cette concession soit rachetée pour être mise entre les mains d'une nouvelle compagnie. Quoique les bureaux aient décidé contre nous que le canal de Luçon est une voie de navigation intérieure, nous persistons dans une opinion toute contraire à celle sur laquelle s'appuie la décision rendue: nous soutenons que le canal se rattache à la navigation maritime; que les travaux n'en peuvent pas être remis à la spéculation particulière, comme le seraient ceux d'un canal de l'intérieur de la France qui exploiterait une localité isolée. Le commerce de celui-ci est complétement maritime; Luçon est un port de mer qui touche à tous les points du globe, comme les ports de La Rochelle, des Sables, de Saint-Gilles, dont les travaux sont exécutés par le gouvernement lui-même.

Envisager le commerce dans l'état de paix, c'est ne voir les choses que sous leur plus bel aspect; mais si l'on se représente le pays en guerre avec l'Angleterre, le tableau devient autrement sombre et les périls succèdent à la sécurité. Eh bien! en état de guerre, le port de Luçon est un point stratégique très important. Les bâtiments abrités des vents par la côte de la Charente-Inférieure et par la pointe de l'Aiguillon peuvent entrer dans ce port et en sortir avec la plus grande facilité; on comprend tout l'avantage d'une telle situation. Elle est tout à fait exceptionnelle. On pourrait en tirer le plus grand parti. C'est un asile unique pour les bâtiments qui, arrivant des colonies, manquent l'entrée en Loire ou en Gironde. On voit souvent ces bâtiments attendre pendant un mois des vents favorables ou des remorqueurs qui les conduisent à destination avec leurs cargaisons. Quel avantage ne présenterait pas le port de Luçon, qui est ouvert en tout temps aux opérations de ce genre! D'autre part, comme point de ravitaillement, Luçon est un grenier d'où l'on pourrait faire arriver des grains et des farines sur les points rapprochés de la côte à des vaisseaux embossés dans ces parages, sans que les vents ou l'ennemi pussent y mettre obstacle. Enfin, dans le cas d'horribles tempêtes, les petits bâtiments de guerre pourraient trouver une sécurité parfaite dans un bassin dont nous parlons plus bas.

Pour me résumer, j'ai proposé, en premier lieu, que les rivières des Deux-Sèvres et de la Vendée fussent rendues navigables et fussent mises en rapport direct par le prolongement du canal des Hollandais, et j'ai considéré que ces travaux feraient sortir le port de Luçon de l'état forcé de petit cabotage; qu'ils donneraient au commerce du pays une extension considérable. J'ai fait ressortir que, dans de telles circonstances, le canal de Luçon ne pourrait pas rester plus long-temps dans l'état d'imperfection où il se trouve. C'est un point qui doit être démontré actuellement. Il faudrait que ce canal fût remanié dans sa conformation et que ses courbes fussent redressées. Il lui faudrait donner une largeur double et un tirant d'eau de cinq mètres; il faudrait y établir de solides constructions, soit portes, soit écluses, à la Pointe-aux-Herbes, pour garantir les travaux contre l'action de la mer. J'ajoute, pour ne pas négliger les considérations d'humanité, qu'il serait bon d'établir sur ce point, en dedans des portes, un large bassin pour recevoir les bâtiments désemparés qui cherchent à la côte un abri assuré. Ce bassin serait également utile aux navires de 400 à 500 tonneaux de port, qui s'y trouveraient toujours à flot pour le chargement ; dans l'état actuel, aux marées basses, ils restent couchés sur les vases, exposés à des avaries.

Le lecteur trouvera peut-être que je me suis trop laissé aller au développement de mes idées. En terminant mon travail, je lui demande pardon si j'ai abusé de son attention. Mais il m'a semblé utile d'insister fortement sur les points que j'ai traités. Il m'a semblé qu'il était important de bien faire remarquer combien les questions soulevées intéressent l'État et l'avenir du commerce de la Vendée. Il fallait d'ailleurs bien persuader le lecteur que le port de Luçon n'est point dans une condition ordinaire, comme le pense l'administration centrale, et qu'il mérite au contraire la sollicitude particulière du gouvernement.

Nous nous sommes borné à examiner les améliorations qui peuvent s'accomplir dans un avenir prochain; mais si le succès de ces premières améliorations encourage l'État à en tenter de nouvelles; si, fidèle à la politique qu'il a inaugurée, il veut poursuivre son œuvre, il comprendra bientôt la nécessité de rendre toutes les rivières navigables. Dès lors, que ne peut-on pas espérer pour la prospérité de nos contrées! On creuserait un canal partant du bourg des Moutiers-sur-le-Ley (à 4 kilomètres environ de Luçon), qui mettrait cette rivière en communication directe avec le canal de Luçon. Ce canal de jonction aurait cela d'important qu'il servirait, d'une part, à étendre le commerce dans l'intérieur du département; de l'autre, à contribuer au dessèchement complet d'environ cent mille hectares des marais de Labretonnière, Leroux, Saint-Benoist, etc. En effet, les eaux de la rivière du Ley, divisées par ce canal, ne pourraient plus déborder sur les terrains. On aurait ainsi tout un système de voies navigables pénétrant jusque dans l'intérieur du département (1).

Puisse l'avenir voir se réaliser de tels travaux! Puisse être exaucé ce dernier vœu que nous formons pour la prospérité du pays qui nous est cher! Espérons tout des années qui s'écoulent et du progrès qu'elles amènent avec elles. Mais, s'il est téméraire d'étendre trop loin nos regards, et si nous devons conclure ce travail par des paroles qui en rappellent uniquement l'objet, répétons à ceux qui nous lisent qu'au canal de Luçon sont liées les destinées et la fortune du département tout entier.

---

(1) Ici nous ferons une observation qui se rattache non seulement à l'intérêt de notre département, mais encore à l'intérêt général de la marine et particulièrement à celui des places de Nantes et de Bordeaux. Il serait de la plus grande utilité de balayer au plus vite les vases qui, depuis vingt-cinq ans, ont élevé de plus d'un mètre le fond de la rade de l'Aiguillon. Ce résultat serait, nous le pensons, facilement obtenu au moyen d'un puissant cours d'eau débouchant par le canal de Luçon. Or, ce puissant cours d'eau, nous l'aurions par le canal des Hollandais amélioré et par la rivière du Ley. Son action, se combinant avec celle du cours de la Sèvre sur tout le fond de l'anse, empêcherait sans doute les atterrissements d'augmenter. Ainsi seraient dissipées les craintes que l'état actuel des choses inspire à tous les marins et à tous les hydrographes, pour un avenir peu éloigné, où la rade deviendra impraticable aux bâtiments d'un tonnage supérieur, si on laisse le fond s'exhausser par le dépôt des vases qu'y apportent les divers canaux des marais. Nous croyons savoir, du reste, que cette situation préoccupe le gouvernement et qu'il sera heureux d'y remédier.

---

913. — Paris, imprimerie de Guiraudet et Jouaust, 338, rue Saint-Honoré.

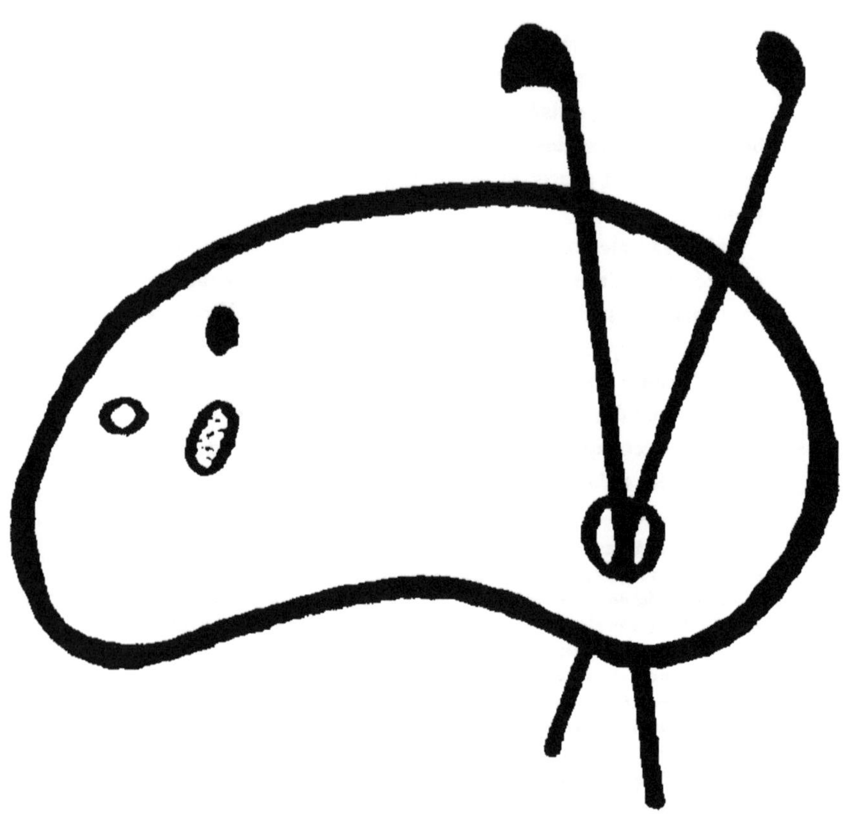

DEBUT D'UNE SERIE DE DOCUMENTS
EN COULEUR

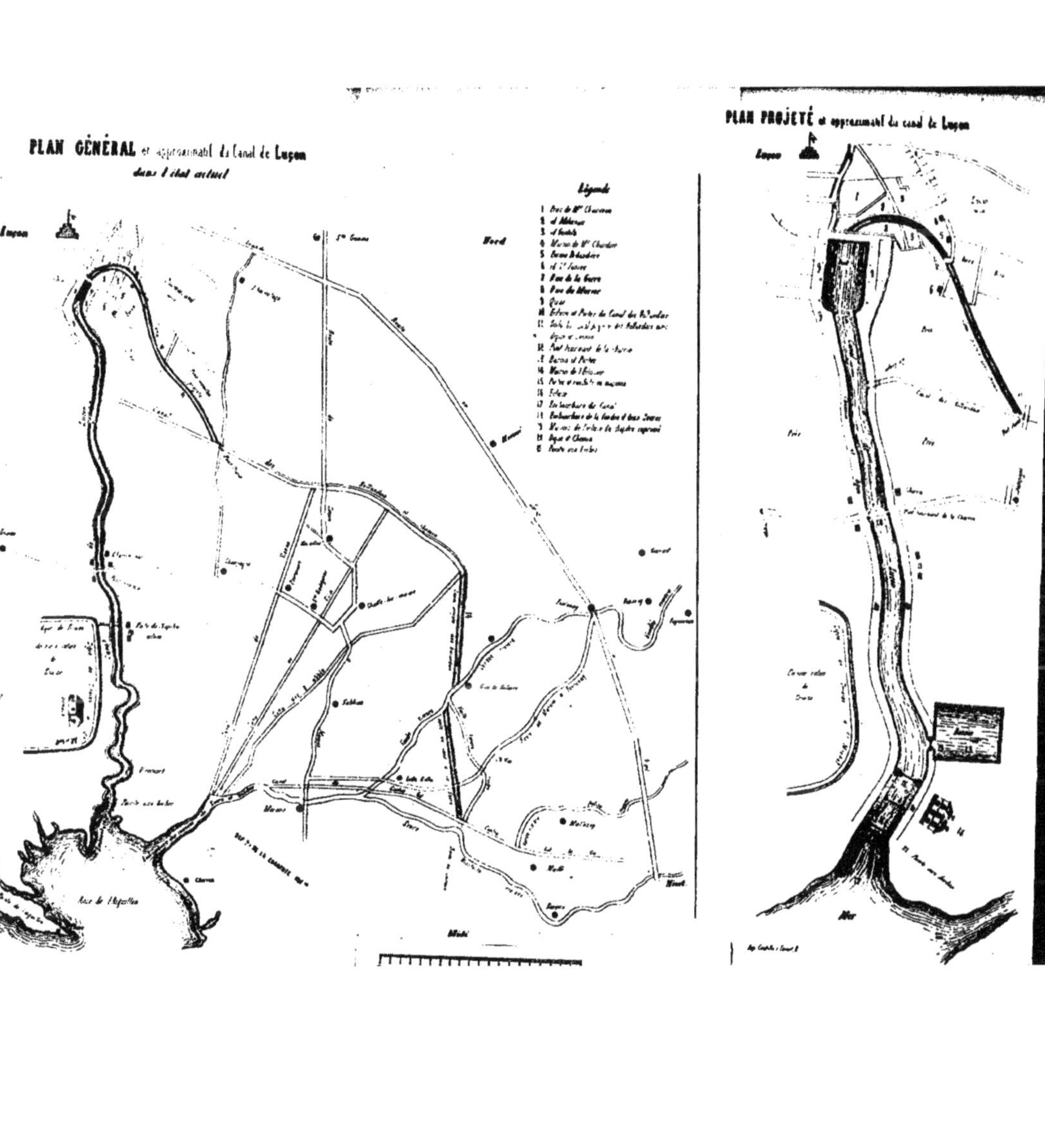

PLAN GÉNÉRAL et approximatif du Canal de Luçon
dans l'état actuel
Luçon
Légende
Nord
Midi
PLAN PROJETÉ et approximatif du canal de Luçon
Luçon
Mer

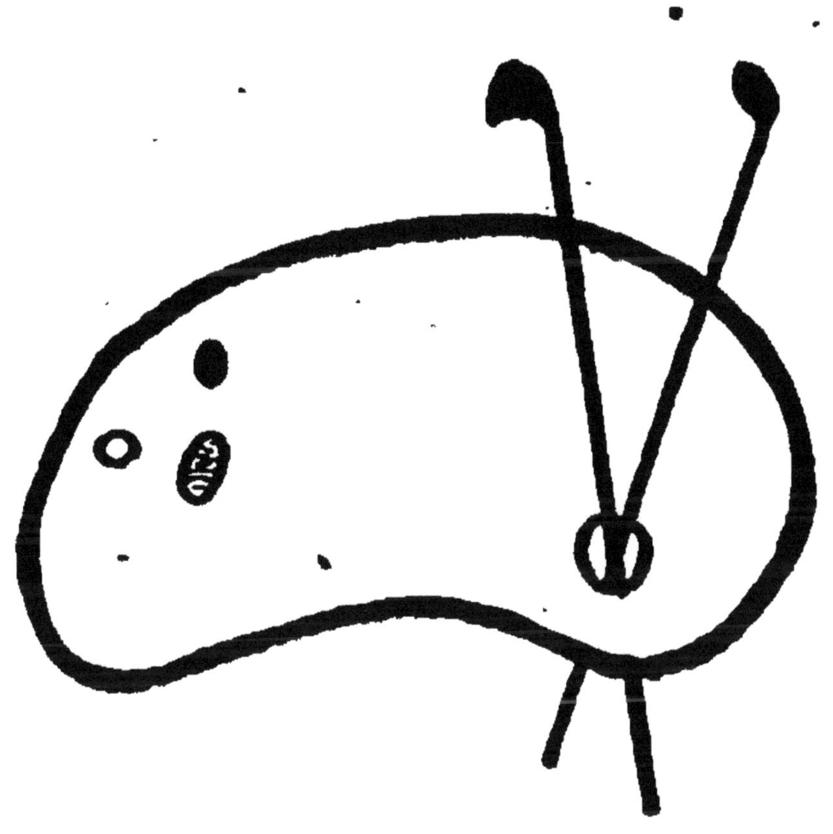

FIN D'UNE SERIE DE DOCUMENTS
EN COULEUR

www.ingramcontent.com/pod-product-compliance
Ingram Content Group UK Ltd.
Pitfield, Milton Keynes, MK11 3LW, UK
UKHW012108240726
13965UKWH00004B/1630

9 782013 279345